MÉMOIRE

SUR

LE MAGNÉTISME

ÉTUDIÉ AU MOYEN DES COURANTS D'INDUCTION

par

M. J.-M. GAUGAIN

MEMBRE CORRESPONDANT DE L'ACADÉMIE DES SCIENCES, ARTS ET BELLES-LETTRES DE CAEN

CAEN

IMPRIMERIE DE F. LE BLANC-HARDEL

RUE FROIDE, 2 ET 4

1875

Extrait des Mémoires de l'Académie des Sciences, Arts et Belles-Lettres de Caen.

MÉMOIRE

SUR

LE MAGNÉTISME

ÉTUDIÉ AU MOYEN DES COURANTS D'INDUCTION.

§ 1er. — MÉTHODE EMPLOYÉE POUR LA MESURE DES COURANTS INDUITS.

(1) Pour mesurer les courants induits développés dans mes expériences, je me sers d'un galvanomètre à fil court, dont le système astatique est compensé avec soin. Les intensités des courants induits peuvent être considérées comme proportionnelles aux déviations impulsives du galvanomètre autant que ces déviations ne dépassent pas une certaine limite. Je me suis assuré de ce fait, il y a longtemps déjà, en procédant de la manière suivante : j'ai pris un galvanomètre à deux fils, et, dans une première expérience, j'ai réuni ces deux fils de manière que le courant les parcourût successivement et que leurs actions sur l'aiguille fussent concordantes ; les extrémités du double fil ont été mises en communication avec une bobine d'induction, et j'ai noté la déviation produite sous l'influence des deux circuits galvano-

métriques par un courant induit déterminé. Cela fait, j'ai formé un second circuit induit dans lequel je n'ai fait entrer que l'un des fils (A) du galvanomètre et, pour que la résistance totale fût invariable, j'ai intercalé dans ce nouveau circuit un fil de compensation, de résistance égale à celle du deuxième fil (B) mis de côté dans cette expérience ; j'ai noté la déviation produite sous l'influence du circuit A par le même courant induit que j'avais employé pour la première observation ; enfin, j'ai composé un troisième circuit comprenant le fil B seulement et un fil de compensation représentant la résistance du fil A, et j'ai noté la déviation produite sous l'influence de B par le même courant induit, qui avait servi pour les deux premières expériences. Ces trois observations une fois prises, il suffit de comparer la première à la somme des deux autres pour reconnaître si la déviation de l'aiguille est proportionnelle à l'intensité du courant pour les limites d'amplitude entre lesquelles on s'est maintenu.

En suivant cette marche, j'ai trouvé que les déviations du galvanomètre peuvent être considérées comme proportionnelles aux intensités, tant que leur amplitude ne dépasse pas une trentaine de degrés; au-delà de cette limite, les déviations croissent un peu plus vite que les intensités, c'est-à-dire que la déviation produite par un courant d'intensité double est un peu plus que double de la déviation produite par un courant d'intensité simple. Les nombres suivants donneront une idée de la grandeur des écarts :

DÉVIATIONS PRODUITES PAR LE COURANT D'INTENSITÉ SIMPLE.	DÉVIATIONS PRODUITES PAR LE COURANT D'INTENSITÉ DOUBLE.
21°,48	43°,61
25°,75	52°,67
32°,93	68°,36

Chacun de ces nombres est la moyenne de huit observations prises alternativement à droite et à gauche du zéro de la division. Les courants induits sur lesquels j'ai opéré étaient des courants instantanés : je les obtenais au moyen d'une bobine à deux fils; l'un de ces fils était en communication avec le galvanomètre, l'autre recevait le courant d'une pile de Daniell, que l'on interrompait lorsqu'on voulait développer un courant induit dans le premier fil.

(2) Lorsqu'il s'agit des courants induits d'une durée finie, que l'on obtient en faisant mouvoir un circuit fermé en présence d'un aimant, il est plus facile encore de démontrer que l'intensité du courant est proportionnelle à la déviation impulsive du galvanomètre. Si l'on prend un barreau aimanté AB (fig. 1) et que l'on divise en deux sections BO, ON

Fig. 1.

l'espace compris entre l'extrémité B et un point N pris dans la région neutre, on peut considérer comme évident que, lorsqu'on transportera une hélice de N en B, le courant induit développé sera égal à la somme des courants obtenus en transportant la même hélice d'abord de N en O, puis de O en B. Or, j'ai trouvé que la déviation du galvanomètre, qui correspond au premier de ces deux déplacements, est presque rigoureusement égale à la somme des déviations qui correspondent aux deux autres, autant du moins que la plus grande des déviations ne dépasse pas une trentaine de degrés; ainsi, la déviation impulsive du galvanomètre reste proportionnelle à l'intensité jusqu'à 30 degrés au moins.

§ 2. — COMPARAISON ENTRE LES AIMANTS ET LES SOLÉNOIDES. — COURBE DES INTENSITÉS.

(3) Si l'on prend un barreau d'acier régulièrement aimanté, que l'on place sur le milieu de ce barreau une hélice formée de quelques tours de spire, et qu'après avoir mis cette hélice en communication avec un galvanomètre, on la fasse glisser rapidement vers l'un ou l'autre des pôles du barreau, on obtient un courant induit dont la direction reste la même, quel que soit le pôle vers lequel l'hélice est poussée. Cette direction ne change pas lorsque l'hélice, franchissant l'extrémité du barreau, est transportée au-delà de cette extrémité à une distance quelconque; le courant induit marche toujours dans le même sens que les courants moléculaires qui, suivant la théorie d'Ampère, constituent le magnétisme du barreau; on obtient un courant de sens inverse, lorsque l'hélice est ramenée sur le barreau et poussée vers sa partie moyenne. Ce fait, depuis longtemps connu, s'explique très-simplement, lorsqu'on admet, conformément aux vues d'Ampère, qu'un aimant peut être assimilé à un solénoïde formé de circuits équidistants parcourus par des courants de même intensité; mais Ampère a reconnu lui-même que cette assimilation ne peut être admise sans restriction. Comme il en fait la remarque, le pôle d'un solénoïde est situé à l'extrémité même de ce solénoïde, tandis que le pôle d'un barreau aimanté se trouve toujours à une certaine distance de l'extrémité du barreau. Il est donc naturel de se demander dans quelles limites il est permis d'assimiler les aimants aux solénoïdes, lorsqu'il s'agit des actions inductrices dont nous nous occupons. Pour résoudre cette question, examinons d'abord ce qui devrait se passer dans l'hypothèse d'un solénoïde tel qu'Ampère le conçoit.

(4) Si l'on imagine que sur un tel solénoïde AB l'on fasse glisser un anneau conducteur, il sera aisé de déterminer la direction des courants induits qui se produiront dans l'anneau, lorsqu'on le fera passer de l'extrémité A à l'extrémité B du solénoïde. Quand l'anneau sera arrivé à un point quelconque M du solénoïde, il est clair que les tours de spire de la partie AM, laissée en arrière, tendront à développer dans l'anneau un courant de même sens que celui qui parcourt le solénoïde; au contraire, les tours de spire de la partie MB, placée en avant de l'anneau, tendront à développer dans cet anneau un courant de sens opposé à celui qui parcourt le solénoïde. Par

conséquent, la direction du courant induit devra varier suivant que A M sera plus petit ou plus grand que M B, c'est-à-dire suivant que l'anneau aura dépassé ou non le milieu du solénoïde.

(5) Il en serait ainsi, du moins, si les actions inductrices s'exerçaient également à toutes distances; mais comme en réalité elles cessent d'être appréciables dès que la distance à laquelle elles agissent dépasse une certaine limite (très-restreinte, lorsque le courant n'est pas d'une grande intensité), il en résulte que, lorsqu'on opère sur un solénoïde d'une certaine longueur, le courant induit ne doit se manifester qu'autant que l'anneau en mouvement se trouve près des extrémités de ce solénoïde ; quand il se meut sur la partie moyenne, le courant doit être sensiblement nul. Si l'on suppose, par exemple, qu'au-delà de la distance représentée par dix tours de spire l'action inductrice cesse de produire un effet appréciable, il n'y aura pas de courant sensible tant que l'anneau se trouvera à une distance plus grande des extrémités du solénoïde, puisqu'alors les dix tours de spire placés en avant de l'anneau et les dix tours placés en arrière seront seuls efficaces, et que leurs actions se neutraliseront mutuellement.

(6) Lorsque l'anneau se rapprochera de l'une des extrémités A du solénoïde et que sa distance à cette extrémité deviendra plus petite que celle qui est représentée par dix tours de spire, un courant induit sera développé, et pour un déplacement donné de nneau, l'intensité de ce courant augmentera à

mesure que l'anneau se rapprochera de l'extrémité A du solénoïde.

Supposons, en effet, que l'anneau soit placé entre le dixième et le onzième tour de spire (les tours étant comptés à partir de l'extrémité A), et qu'on le fasse avancer du côté A d'une quantité égale à l'épaisseur d'un tour de spire, on pourra, sans erreur sensible, admettre que, pendant ce petit déplacement, les actions inductrices conservent les mêmes valeurs qu'elles possèdent quand l'anneau se trouve exactement au-dessus du dixième tour. Maintenant désignons par E_1, E_2, E_3....., E_{10} les valeurs respectives des actions inductrices exercées par le premier, le deuxième, le troisième ..., le dixième tour de spire, ceux-ci étant comptés à partir du tour de spire sur lequel se trouve l'anneau : ces valeurs, E_1, E_2, ... E_{10} iront en diminuant, puisqu'elles correspondent à des distances de plus en plus grandes. Il est évident d'ailleurs, en raison de la symétrie, que les actions E_1, E_2, ... E_9 exercées par les neuf tours de spire situés du côté A seront neutralisées par les actions égales et opposées qu'exerceront les neuf premiers tours placés du côté B et qu'il n'y aura d'efficace que le dixième tour. L'action inductrice développée se réduira donc à

$$E_{10}$$

quand l'anneau s'avancera d'une nouvelle quantité égale à un tour de spire et franchira le neuvième tour; l'action inductrice correspondant à ce nouveau déplacement sera

$$E_{10} + E_9$$

Si l'anneau continue à se mouvoir de la même quantité à la fois jusqu'à l'extrémité A du barreau, les valeurs des forces correspondant à chacun des dix déplacements effectués seront, pour

Le premier. . . E_{10}
Le deuxième. . $E_{10} + E_9$
Le troisième . . $E_{10} + E_9 + E_8$
. . . .
Le dixième. . . $E_{10} + E_9 + E_8 + \ldots + E_2 + E_1$

L'action inductrice, correspondant à un déplacement déterminé de l'anneau, croit, comme on le voit, à mesure que celui-ci se rapproche de l'extrémité du solénoïde.

(7) Lorsque l'anneau placé d'abord entre le dixième et le onzième tour de spire est transporté au-delà de l'extrémité A du solénoïde, à une distance de cette extrémité égale à la moitié d'un tour de spire, il résulte de ce qui précède que la somme des actions inductrices développées pendant ce mouvement est égale à

$$10E_{10} + 9E_9 + 8E_8 + \ldots\ldots + 2E_2 + E_1$$

Maintenant supposons que l'anneau continue à se mouvoir au-delà du solénoïde en restant parallèle à lui-même et en conservant son centre sur l'axe du solénoïde; s'il est poussé assez loin du solénoïde pour que l'action de celui-ci devienne inappréciable, il sera facile de reconnaître, en raisonnant comme dans le numéro précédent, que la somme des actions inductrices développées pendant ce mouvement sera encore égale à

$$10E_{10} + 9E^{9} + 8E_{8} + \ldots\ldots + 2E_{2} + E_{1}$$

On voit donc que lorsque l'anneau placé sur la partie moyenne du solénoïde est transporté à l'une de ses extrémités, le courant induit développé est exactement égal à celui que l'on obtient quand l'anneau placé sur cette extrémité est poussé hors du solénoïde, assez loin pour qu'il ne se produise plus d'action appréciable.

(8) Les conclusions de la théorie qui précède se trouvent exactement vérifiées par l'expérience lorsque l'on opère, comme je l'ai supposé, sur un véritable solénoïde; mais il n'en est plus tout à fait de même lorsqu'on remplace le solénoïde par un barreau aimanté. Supposons que ce barreau soit divisé en parties égales d'un centimètre, par exemple, et que l'on fasse marcher un anneau conducteur de l'une de ses extrémités à l'autre, en ne lui faisant parcourir à la fois qu'une seule division. Si l'on note la déviation du galvanomètre correspondant à chaque centimètre parcouru, on pourra tracer la courbe des courants induits, en prenant pour abcisses les longueurs mesurées sur le barreau et pour ordonnées les déviations galvanométriques correspondantes. Or j'ai exécuté ce tracé pour un certain nombre de barreaux, et voici le résultat que j'ai obtenu : la forme de la courbe varie d'un barreau à l'autre, et presque toujours, pour le même barreau, de l'une de ses extrémités à l'autre ; quelquefois elle présente des inflexions, des points *maxima* et *minima*, et dans tous les cas, elle s'élève moins rapidement dans le voisinage des extrémités du barreau qu'elle ne le ferait si le barreau était remplacé par un solénoïde. Dans le cas d'un solénoïde, la forme de la courbe est toujours celle qu'indique la fig. 2, et dans le cas

Fig. 2.

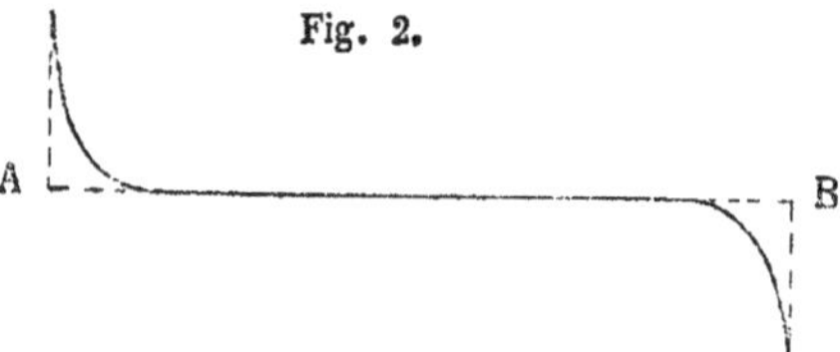

d'un barreau aimanté, on trouve des courbes dont la forme varie avec le procédé d'aimantation que l'on a employé. En outre, le courant qui est obtenu quand l'anneau est transporté de la partie moyenne de l'aimant à l'une de ses extrémités, est toujours beaucoup plus grand que le courant qui se produit lorsque l'anneau placé près de cette extrémité est repoussé à une distance assez grande pour que l'aimant ne puisse plus exercer d'action appréciable sur lui.

(9) Les aimants ne peuvent donc pas être complètement assimilés aux solénoïdes, du moins aux solénoïdes composés de circuits équidistants parcourus par des courants de même intensité. Pour rendre compte des faits que je viens d'exposer, on

est conduit, si l'on veut rattacher la théorie des aimants à celle des solénoïdes, à considérer les aimants comme des solénoïdes formés de circuits équidistants parcourus par des courants dont l'intensité varie d'un circuit à l'autre, suivant une loi déterminée, ou, ce qui revient au même, comme des solénoïdes formés de circuits parcourus par le même courant, mais placés les uns par rapport aux autres à des distances qui varient suivant une certaine loi. Pour que des solénoïdes de cette dernière espèce présentent les propriétés indiquées dans les paragraphes précédents, il suffit que la distance des circuits, uniforme dans la partie moyenne du solénoïde, augmente à partir d'un certain point plus ou moins éloigné de l'extrémité. J'ai vérifié cette conclusion par des expériences directes, bien qu'elle fût à peu près évidente d'elle-même.

(**10**) Il faut remarquer que la courbe des courants induits dont il a été question n° 8, représente, entre certaines limites du moins, ce qu'on a coutume d'appeler *l'intensité magnétique*. Pour établir ce fait, j'ai pris un barreau aimanté de 8 millimètres de diamètre et de 340 millimètres de longueur; j'ai déterminé d'une part les intensités magnétiques correspondant aux divers points de ce barreau, en me servant de la méthode des oscillations de Coulomb, et j'ai représenté les résultats obtenus au moyen d'une courbe; d'autre part, j'ai tracé la courbe des courants induits en procédant comme je l'ai indiqué n° 8, j'ai comparé les deux courbes et j'ai trouvé qu'elles se superposent dans la plus grande partie de leur étendue, lorsqu'on les rapporte aux mêmes axes et que les échelles sont convenablement choisies; elles ne se séparent que dans le voisinage des extrémités du barreau, ainsi que le montre la fig. 3.

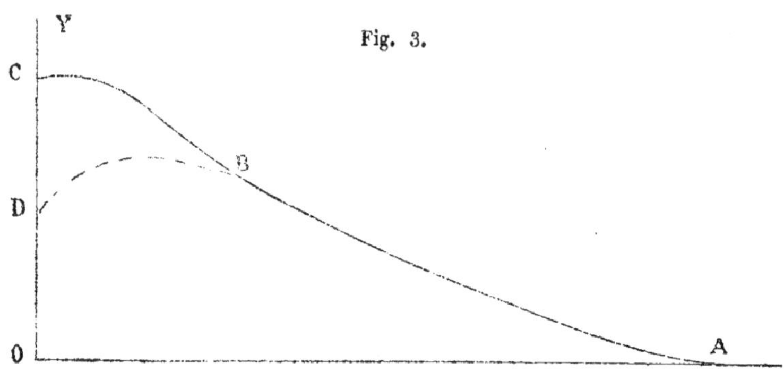

Fig. 3.

On trouve dans le tableau suivant les valeurs numériques qui ont servi à la construction des courbes. Les abcisses x sont les distances en millimètres des points considérés à l'une des extrémités du barreau prise pour origine des coordonnées.

Les ordonnées y, qui se rapportent à la courbe des courants induits, sont proportionnelles aux déviations du galvanomètre obtenues en faisant passer le toron induit de la position $x - 10$ à la position $x + 10$ millimètres.

Les ordonnées y', qui se rapportent à la courbe des oscillations, sont proportionnelles à $(N^2 - n^2)$, N étant le nombre des oscillations simples que l'aiguille exécute en une minute lorsqu'elle est placée en face du point dont l'abscisse est x, et n le nombre des oscillations simples que cette même aiguille exécute sous la seule influence de la terre; pour l'aiguille dont je me suis servi, la valeur de n était 12.

x	y	y'
150	1,8	2200
140	3,7	3300
130	5,4	4800
120	7,3	6500
110	9,2	8000
100	11,0	9800
90	13,0	11600
80	15,0	13400
70	17,0	15400
60	19,2	17100
50	21,5	19000
40	25,5	20500
30	30	21800
20	32,2	22000
10	33,5	19800
0	34	15600

On peut reconnaître que si l'on fait abstraction des parties du barreau placées près des extrémités, le rapport $\frac{y'}{y}$ est sensiblement constant et peu différent de 890. Ainsi, l'intensité magnétique, mesurée par la méthode des oscillations, est, en général, sensiblement proportionnelle au courant induit développé dans les conditions que j'ai définies.

La méthode exposée dans le n° 8, pour obtenir la courbe des courants induits, est donc en réalité une méthode propre à la détermination des *intensités magnétiques*, et c'est, à mon avis, la plus commode et la plus sûre que l'on puisse employer pour cet usage. Dorénavant, j'appellerai *courbe des intensités* la courbe obtenue par le procédé du n° 8.

(**11**) Cette courbe, comme je l'ai dit plus haut, cesse de se confondre dans le voisinage de l'extrémité du barreau avec celle qui représente les résultats fournis par la méthode des oscillations. Dans les conditions de mes expériences, la séparation devient sensible à 50 millimètres environ de cette extrémité; à partir de ce point, la première des deux courbes A B C continue à s'élever, elle prend à l'extrémité du barreau une direction presque horizontale, mais elle ne s'abaisse pas; la 2e courbe A B D continue aussi à s'élever à partir du point de séparation, mais en restant au-dessous de la première; elle atteint sa hauteur maxima à 20 millimètres environ de l'extrémité du barreau, et s'abaisse ensuite très-notablement.

Cette forme de la courbe des oscillations n'est pas celle que Coulomb a indiquée et qui se trouve reproduite dans tous les traités de physique; mais cela tient à ce que j'ai représenté les résultats des expériences tels qu'ils ont été obtenus, tandis que Coulomb a doublé les valeurs qui se rapportent aux extrémités du barreau.

§ 3. — COURBE DE DÉSAIMANTATION. — RELATION ENTRE CETTE COURBE ET CELLE DES INTENSITÉS.

(12) Nous ne nous sommes occupé, dans le paragraphe précédent, que des courants induits qui peuvent être obtenus en faisant mouvoir un anneau conducteur ou une hélice le long d'un barreau de fer ou d'acier dont l'état magnétique est supposé invariable; nous allons considérer maintenant les courants qui peuvent résulter d'un changement dans l'état magnétique du barreau.

Supposons que le pôle N d'un aimant soit placé vis-à-vis du point C, milieu d'un barreau de fer AB, à une distance déterminée du barreau, l'anneau destiné à recevoir l'induction se trouvant en un point quelconque M; si l'on vient à éloigner l'aimant, le barreau reviendra à l'état neutre et il se produira dans l'anneau un courant induit de désaimantation. La direction de ce courant changera de signe suivant que l'anneau sera placé à droite ou à gauche de C, et son intensité variera suivant la position qu'occupera l'anneau. Supposons que le barreau soit divisé en parties égales, de 1 centimètre par exemple, que l'anneau induit soit successivement placé sur chacun des points de division, et que pour chacune des positions on détermine expérimentalement l'intensité du *courant de désaimantation*, on pourra représenter graphiquement les résultats des expériences en prenant pour abscisse la distance de l'anneau au point C et pour ordonnée la déviation galvanométrique obtenue au moment de la désaimantation. La courbe tracée par cette méthode présente la forme qu'indique la fig. 4. Je l'appellerai *courbe de désaimantation.*

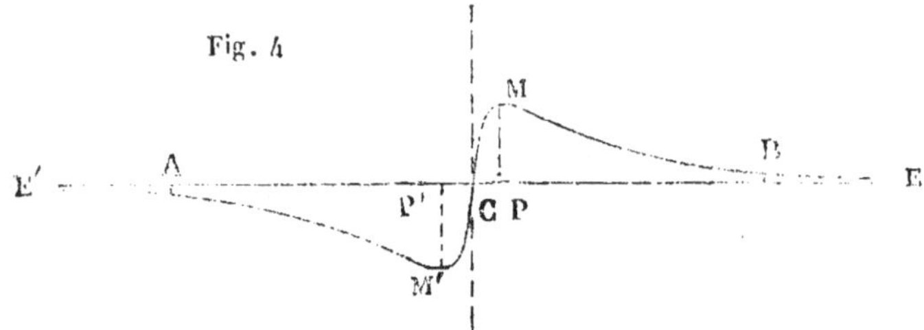

Fig. 4

(**13**) Il ne paraît pas possible, au premier coup d'œil, de tracer cette courbe dans le cas d'un aimant permanent, puisqu'on n'a pas alors de moyen rapide de faire disparaître le magnétisme; mais une remarque très-simple permet, même dans ce cas, de déterminer la valeur des courants induits que l'on obtiendrait s'il était possible d'anéantir instantanément l'aimantation. Lorsqu'une hélice est placée sur un barreau de fer aimanté par influence, et que l'on fait disparaître le magnétisme, en éloignant l'aimant du barreau, le courant induit qui se produit ne peut être dû, suivant la remarque de Faraday, qu'à l'interruption d'une action permanente de nature inconnue, à laquelle il a donné le nom *d'action électrotonique.* Or, il paraît évident, quand on se place à ce point de vue, qu'il y a deux manières équivalentes de faire cesser *l'action électrotonique :* l'une consiste à supprimer l'aimantation du barreau, l'autre à pousser l'hélice au-delà de l'extrémité de ce barreau, à une distance suffisante pour qu'il ne puisse plus exercer sur elle d'action appréciable. L'expérience prouve, en effet, que ces deux opérations donnent à fort peu près le même résultat. On ne peut pas douter qu'il en serait de même dans le cas d'un aimant permanent, si l'on possédait un moyen d'anéantir instantanément le magnétisme. D'après cela, si l'on place une petite hélice sur un point déterminé M d'un barreau d'acier aimanté, et qu'on la fasse glisser au-delà de l'extrémité du barreau, à une distance suffisante pour que le barreau ne puisse plus exercer d'action sensible sur elle, le courant induit que l'on obtiendra sera le courant de désaimantation correspondant au point M.

(**14**) Lorsqu'il s'agit d'un barreau de fer aimanté par influence, l'on a, comme je l'ai dit, deux moyens de déterminer la valeur du courant induit de désaimantation correspondant à un point déterminé du barreau; mais ces deux moyens, qui devraient être tout à fait équivalents, ne le sont presque jamais complètement; le second donne des valeurs un peu plus grandes que le premier, et il est facile de comprendre comment il en est ainsi. En effet, la seconde méthode donne la valeur du courant induit qui serait obtenu dans le cas d'une désaimantation absolue, tandis que la première méthode donne la valeur du courant induit correspondant à la désaimantation effective qui se produit; or, le fer n'étant presque jamais dépourvu de force coercitive, il arrive presque toujours qu'il conserve une petite partie de son magnétisme après que l'on a fait cesser l'influence qui a développé l'aimantation.

(**15**) Lorsqu'on opère sur un barreau d'acier aimanté d'une manière permanente, on ne peut employer que la seconde des méthodes dont je viens de parler, et elle est applicable aux barreaux en fer à cheval aussi bien qu'aux barreaux droits, lorsque les barreaux ne portent point d'armature; mais lorsqu'une armature est appliquée contre les pôles d'un fer à cheval, il n'est plus possible de faire sortir le toron induit et il devient nécessaire de modifier un peu le procédé d'observation. Pour déterminer alors le courant de désaimantation qui correspond à un point donné M du barreau, je fais deux opérations : d'abord je mets de côté l'armature et je détermine le courant de désaimantation qui correspond au point M, en procédant comme je l'ai indiqué tout à l'heure, n° 13; ensuite je place sur ce même point le toron de fils dont je me suis servi pour la première détermination, je mets l'armature en place et je l'arrache brusquement; le courant induit qui résulte de cet arrachement correspond à la diminution d'aimantation qui se produit au point M par suite de l'enlèvement de l'armature, et par conséquent la somme des deux déviations obtenues représente le courant de désaimantation qui se produirait au même point si l'on pouvait anéantir l'aimantation en laissant l'armature en place.

(**16**) Les indications qui précèdent permettent de tracer la *courbe de désaimantation* dans tous les cas qui peuvent se rencontrer; il nous reste à voir ce que représente cette courbe. D'après le mode de construction qui a été indiqué, elle représente l'action inductrice développée en chacun des points du barreau, lorsque le magnétisme de ce barreau vient à disparaître ; or si l'on considère le barreau comme un solénoïde à intensité variable, l'action inductrice doit varier en général avec un certain nombre de circonstances ; elle dépend évidemment du nombre plus ou moins grand de circuits inducteurs qui se trouvent à portée d'agir sur le conducteur induit, elle dépend de la distance à laquelle s'exercent les actions de ces circuits, elle dépend enfin de l'intensité du courant qui les parcourt ; mais lorsqu'on opère sur un solénoïde d'une certaine longueur, le nombre des circuits qui peuvent agir efficacement sur l'anneau induit reste le même tant que l'anneau se trouve placé à une distance des extrémités du solénoïde plus grande que la limite des actions appréciables. Les distances auxquelles s'exercent les actions respectives des circuits restent aussi les mêmes ; il n'y a de variable que l'intensité du courant qui parcourt les circuits inducteurs. Si donc on laisse de côté les parties du solénoïde voisines des extrémités, on peut dire que la *courbe de désaimantation* représente l'intensité moyenne du courant inducteur correspondant aux divers points du solénoïde, et comme cette intensité moyenne constitue ce que l'on peut appeler le magnétisme *absolu* du barreau, l'on voit que la courbe de désaimantation donne une mesure, au moins approximative, de ce magnétisme *absolu*.

(17) Il existe une relation remarquable entre cette courbe de désaimantation et celle des intensités. Lorsqu'un anneau conducteur est placé sur un bar-

reau aimanté et transporté du point M au point M′, fig. 5, il paraît évident que le courant induit déve-

Fig. 5.

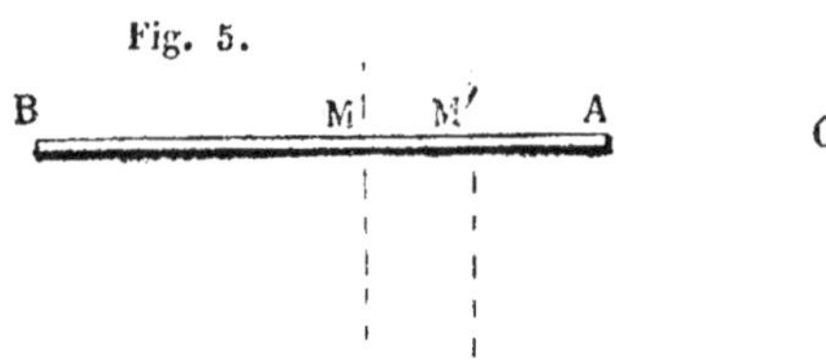

loppé est la différence des courants que l'on obtiendrait : 1° en plaçant l'anneau en M et en le poussant ensuite au-delà de l'extrémité A du barreau jusqu'en un point O, assez éloigné pour que le barreau n'exerce plus d'action sensible sur lui ; 2° en plaçant l'anneau en M′ et en le transportant également en O. Mais, d'après ce qui a été dit au numéro précédent, ces deux courants induits sont respectivement égaux aux courants de désaimantation qui correspondent aux points M et M′. Donc le courant induit développé par le déplacement de l'anneau, lorsqu'il est transporté de M en M′ est égal à la différence des *courants de désaimantation* appartenant aux points M et M′. Cette relation a été vérifiée par de nombreuses expériences. Il résulte de là que quand on possède le tracé de la *courbe de désaimantation* on peut en déduire la *courbe des intensités* par une construction graphique très-simple, sans qu'il soit besoin de recourir à aucune détermination expérimentale nouvelle. En effet, si l'on divise l'axe des abscisses en parties égales, en centimètres par exemple, il est clair que l'on obtiendra l'ordonnée de la *courbe des intensités* correspondant à l'abscisse x en prenant sur la *courbe de désaimantation* la différence des ordonnées correspondant aux points dont les abscisses sont $x+1$ et $x-1$. De ce mode de construction l'on peut conclure que si l'équation $y = f(x)$ représente la courbe de désaimantation, celle des intensités sera représentée par l'équation $y' = k \frac{dy}{dx}$ en désignant par k une constante.

D'après cela, on voit que, lorsqu'on considère un barreau aimanté comme un solénoïde à intensité variable, l'intensité magnétique qui correspond à un point donné dépend non de l'intensité moyenne des courants qui parcourent les circuits inducteurs voisins de ce point, mais bien de la variation plus ou moins rapide que subit cette intensité lorsque l'on passe du point considéré à un point voisin. En d'autres termes, l'intensité magnétique n'est pas proportionnelle à l'ordonnée de la courbe de désaimantation, elle est proportionnelle à l'inclinaison de cette courbe par rapport à l'axe des x.

(**18**) Nous avons vu tout à l'heure que la courbe des intensités peut être déduite par une différentiation de la courbe de désaimantation; réciproquement on peut remonter par l'intégration de la courbe des intensités à la courbe de désaimantation; mais alors il reste une constante arbitraire à déterminer. On arrive par l'intégration à trouver la forme de la courbe de désaimantation, mais sa position ne peut être obtenue sans une détermination expérimentale nouvelle. Ainsi, la *courbe de désaimantation* d'un barreau donne une notion de ses propriétés magnétiques plus complète que celle qui est fournie par la *courbe des intensités*. C'est donc la *courbe de désaimantation* que je me suis attaché à déterminer dans la plupart de mes recherches.

(**19**) Lorsqu'on étudie les aimants au point de vue pratique des applications industrielles, c'est l'intensité que l'on a surtout intérêt à connaître, parce que c'est la propriété que l'on utilise le plus généralement ; mais lorsqu'on envisage les phénomènes du magnétisme au point de vue théorique, c'est le courant de désaimantation qu'il est surtout important de déterminer, parce que l'intensité du courant *solénoïdal* représentée par ce courant de désaimantation est le fait simple, tandis que l'action extérieure représentée par *l'intensité magnétique*, est un fait complexe, qui résulte de toutes les actions exercées par les courants *solénoïdaux*.

D'après les vues exposées plus haut, le courant *solénoïdal* correspondant à une tranche donnée du barreau est le courant qui circulerait dans cette tranche si le barreau était remplacé par un solénoïde doué de toutes les propriétés magnétiques que possède le barreau.

Suivant les vues d'Ampère, les molécules d'un barreau de fer ou d'acier sont toujours entourées de courants qui circulent autour d'elles, mais quand le métal est à l'état neutre, ces courants moléculaires sont orientés dans toutes les directions possibles, de sorte que leurs actions se neutralisent mutuellement. Lorsque le barreau vient à être aimanté, l'orientation des courants moléculaires se modifie de telle sorte que leur plan tend à se rapprocher plus ou moins d'une direction perpendiculaire à l'axe du barreau ; l'intensité du courant *solénoïdal* qui correspond à une section déterminée du barreau, dépend donc de l'orientation moyenne que prennent les courants moléculaires compris dans cette section ; plus cette orientation se rapproche de celle d'un plan perpendiculaire à l'axe, plus grande est l'intensité du courant *solénoïdal.*

§ 4. — THÉORIE DE LA MACHINE GRAMME. APPLICATION DES MÉTHODES EXPOSÉES DANS LES PARAGRAPHES PRÉCÉDENTS.

(**20**) Je me suis servi, pour un grand nombre de recherches, des méthodes d'investigation qui se trouvent exposées dans les paragraphes précédents, et je les ai appliquées en premier lieu à l'étude des courants d'induction développés dans la machine magnéto-électrique de M. Gramme ; je vais faire connaître les résultats auxquels cette étude m'a conduit.

La machine magnéto-électrique de M. Gramme (fig. 6), présentée à l'Académie des Sciences, en juillet 1871, se trouve sommairement décrite dans les comptes-rendus, et M. A. Niaudet-Bréguet en a donné une description détaillée dans le numéro des *Mondes*, du 28 mars 1872, t. XXVII, p. 513. Je me bornerai à rappeler ici les principales dispositions de cette machine : elle se compose essentiellement d'un aimant en fer à cheval, entre les pôles duquel on fait tourner un électro-aimant de forme particulière. Cet électro-aimant est un anneau circulaire de fer doux A B M M' sur lequel un fil de cuivre,

Fig. 6.

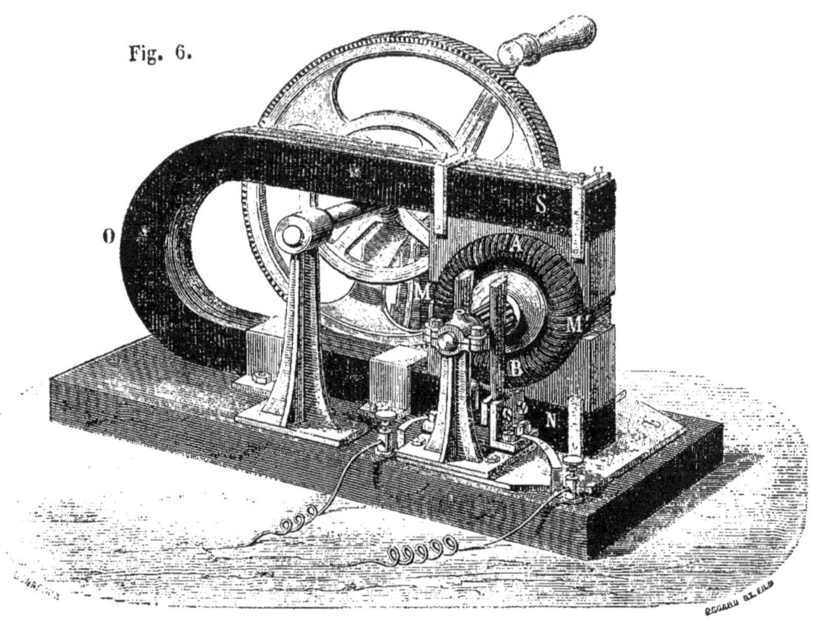

couvert de soie, est enroulé de manière à former une hélice sans fin. Cet anneau, monté sur un axe qui passe par son centre, se meut dans son plan, qui est le plan du fer à cheval S O N ; l'hélice sans fin est divisée en un certain nombre de sections, composées chacune de cent spires, par exemple, et ces sections sont reliées à des pièces métalliques en cuivre rouge, dont le nombre est égal à celui des sections ; chacune de ces pièces est soudée avec le bout de fil qui termine une section et le bout de fil qui commence la section suivante. Ces pièces ont la forme de rayons ; mais arrivées près du centre, elles se recourbent à angle droit, et, se continuant parallèlement à l'axe, elles viennent se présenter, toujours isolées les unes des autres, en un cercle concentrique à l'anneau et sur la face opposée.

Deux frotteurs s'appuient contre les extrémités de ces pièces en deux points situés sur une même ligne horizontale MM′ passant par le centre de l'anneau. Cette ligne est, comme on le verra, la ligne de partage, c'est-à-dire que les courants induits qui circulent dans les spires placées au-dessus d'elle, marchent en sens contraire des courants qui parcourent les spires placées au-dessous. Les frotteurs constituent les deux pôles de la machine.

Dans les premiers appareils que M. Gramme a construits, ces frotteurs étaient des disques en cuivre rouge; aujourd'hui il emploie de préférence des faisceaux de fil de laiton, comme l'indique la figure.

(**21**) M. Gramme a cru pouvoir rattacher la théorie de son appareil à une expérience qu'il a fait connaître dans les termes suivants (*Les Mondes*, 20 juillet 1871, t. XXIV, p. 646) :

« Considérons, dit-il, un électro-aimant E E′, c'est-à-dire un long barreau de fer doux sur lequel on a enroulé un fil conducteur isolé; si l'on présente à cet électro-aimant un aimant S N, comme l'indique la figure 7, et si l'on fait mouvoir cet aimant parallèlement à lui-même, en maintenant constante sa distance au barreau et lui donnant une vitesse uniforme, le pôle S développera dans le fer doux un pôle magnétique qui se déplacera en même temps que l'aimant SN. Le déplacement de ce pôle dans l'intérieur du fer entraînera dans le fil conducteur la

Fig. 7.

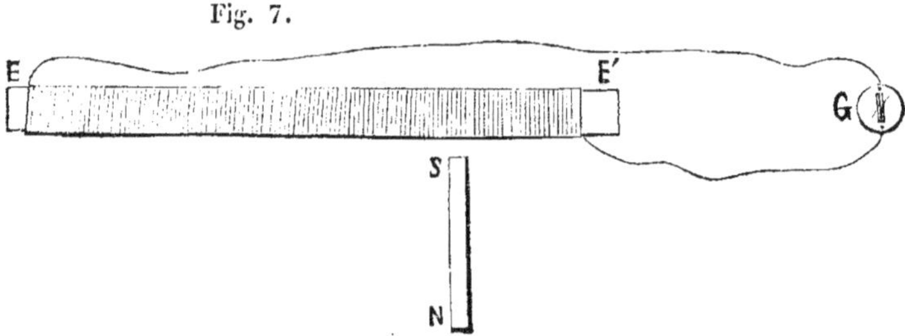

production d'un courant d'induction qu'on pourra rendre sensible au moyen d'un galvanomètre G.

« Ce courant ne sera pas du tout instantané, il persistera et conservera le même sens pendant toute la durée du mouvement de l'aimant, entre les deux bouts EE' de l'électro-aimant. »

(**22**) Bien que les deux appareils successivement employés par M. Gramme donnent des résultats en apparence identiques, nous allons voir qu'en réalité les courants induits développés par l'électro-aimant droit (n° 21) sont dus à une cause notablement différente de celle qui est mise en jeu dans le cas de l'électro-aimant circulaire (n° 29); mais au point de vue purement scientifique, l'expérience de l'électro-aimant droit n'est pas moins intéressante que la machine magnéto-électrique, et j'ai analysé l'une et l'autre. Pour cela j'ai employé les dispositions de l'expérience de M. Gramme que j'ai citée en dernier lieu (n° 21), mais en les modifiant un peu : au lieu d'enrouler directement le fil conducteur sur le barreau de fer doux, j'ai placé ce barreau dans un cylindre de carton susceptible de glisser librement sur le barreau, et c'est sur le carton que le fil a été enroulé. Cette disposition permet de faire mouvoir l'hélice indépendamment du barreau et réciproquement. En outre, au lieu de donner à l'hélice toute la longueur du barreau, j'ai composé cette hélice de quelques tours de spire seulement.

(**23**) Le barreau et l'aimant étant disposés de manière que leurs axes se coupent à angle droit, au milieu de la longueur du barreau, si l'on met l'hélice en communication avec un galvanomètre, puis qu'on fasse glisser cette hélice dans le sens de son axe, sans déplacer le barreau, on obtient un courant d'induction qui ne peut être mis sur le compte d'un changement dans l'état magnétique du barreau et qui dépend exclusivement du déplacement de l'hélice par rapport au pôle magnétique développé par influence dans le barreau.

(**24**) Les positions respectives de l'aimant et du barreau étant les mêmes qu'au début de l'expérience précédente, si l'on fixe l'hélice dans une position invariable et que l'on fasse glisser le barreau de fer doux dans le sens de son axe, on obtient encore un courant d'induction qui ne peut plus être attribué qu'aux changements qui s'opèrent dans l'état magnétique du barreau, puisque le pôle formé dans ce barreau conserve sensiblement la même position dans l'espace, et que la position de la bobine est également invariable.

(**25**) Des deux faits que je viens d'énoncer, il résulte que, quand on fait mouvoir à la fois le barreau et l'hélice, le courant induit provient de deux causes distinctes : l'une est le mouvement de l'hélice en présence du pôle développé dans le barreau ; l'autre consiste dans les changements successifs que subit l'état magnétique du barreau. Cette conclusion s'applique évidemment à l'expérience de M. Gramme (n° 21) ; car lorsqu'on fait mouvoir simultanément le barreau et l'hélice en présence de l'aimant immobile, il est bien clair que l'on obtient le même résultat que lorsqu'on fait mouvoir (en sens inverse) l'aimant en présence du barreau et de l'hélice immobiles.

(**26**) Nous allons étudier successivement les courants induits dépendant des deux causes que je viens d'indiquer, en commençant par ceux qui se rapportent à la première. Lorsque le pôle de l'aimant est placé, comme je l'ai supposé, vis-à-vis le point C, milieu du barreau de fer, la *courbe de désaimantation* du barreau présente la forme qu'indique la figure 4. Elle coupe l'axe des x au point C, ce qui veut dire qu'en ce point le courant solénoïdal (n° 19) change de direction ou en d'autres termes que le point C est un *pôle double.*

(**27**) Ce *pôle double* n'est pas autre chose que ce que l'on a coutume d'appeler un *point conséquent;* mais je crois préférable d'employer la dénomination de *pôle double* pour une raison que je vais indiquer.

Dans une hélice, dont les tours de spire sont

équidistants et parcourus par un courant d'intensité constante, il ne peut exister de *points conséquents*, à moins que l'hélice ne soit formée de plusieurs parties enroulées alternativement en sens contraire ; mais quand on suppose que les diverses parties de l'hélice sont parcourues par des courants d'intensités différentes, il est aisé de concevoir qu'il peut exister des *points conséquents*, alors même que la direction du courant reste constante pour toute la longueur de l'hélice. Supposons, par exemple, que dans le premier tiers de cette longueur, l'intensité du courant inducteur soit représentée par 2, qu'elle se trouve réduite à 1 dans le deuxième tiers, et que dans le troisième elle s'élève de nouveau à 2 : il est aisé d'apercevoir que, si l'on fait glisser un anneau conducteur d'un bout du solénoïde à l'autre, le courant induit développé dans cet anneau changera trois fois de direction pendant que le mouvement s'exécutera. Il peut donc se produire deux sortes de *points conséquents*, les uns résultant d'un changement dans la direction du courant inducteur, les autres dus à de simples variations d'intensité. C'est pour éviter toute confusion entre ces deux sortes de *points conséquents* que je désigne par le nom de *pôles doubles* les *points conséquents* de la première espèce.

(**28**) La courbe de désaimantation (fig. 4) présente deux points maxima, l'un en M et l'autre en M'; pour ces points, la tangente de la courbe est horizontale, son inclinaison est nulle, et, par conséquent, d'après ce qui a été dit (nº 17), les points correspondants du barreau P et P' sont des points *neutres*.

Si l'on suppose qu'un anneau conducteur placé sur le barreau soit poussé de P′ en P, le courant développé dans cet anneau conservera la même direction pendant toute la durée du mouvement. Admettons, en effet, que la branche C M E de la courbe représente le magnétisme positif, et la branche C M′ E′ le magnétisme négatif : pendant que l'anneau passera de P′ en C, l'ordonnée de la courbe ira en diminuant, mais comme cette ordonnée est négative, sa valeur algébrique augmentera; quand l'anneau aura franchi le point C et continuera sa marche vers P, l'ordonnée de la courbe ira en croissant, et comme elle est positive, sa valeur algébrique continuera à augmenter. Ainsi, lorsque l'anneau se meut entre les deux points *neutres*, la direction du courant induit ne change pas. La théorie de la machine Gramme est tout entière dans ce fait, parce qu'il résulte des dispositions de cette machine que l'hélice induite ne peut se mouvoir qu'entre les deux régions neutres.

Il y a, à la vérité, quelque difficulté à tracer la courbe de désaimantation de l'anneau induit de la machine Gramme; mais on ne peut pas douter que chacun des pôles de l'aimant en fer à cheval ne développe dans la portion de l'anneau de fer qui se trouve voisine de lui, un *pôle double* comme celui dont nous avons constaté l'existence dans le cas du barreau droit.

(**29**) Toutefois les choses ne se passent pas tout à fait de la même manière dans le cas de l'anneau et dans celui du barreau droit. Dans le dernier cas, nous avons vu (n° 25) que lorsqu'on fait mouvoir en même temps le barreau et l'hélice, le courant induit provient de deux causes, du mouvement de l'hélice par rapport au pôle double dont la position est invariable dans l'espace et des changements successifs que subit l'état magnétique du barreau. Dans le cas de la machine Gramme, l'anneau de fer se meut en même temps que l'hélice qu'il porte, et cependant le courant induit résulte exclusivement du déplacement de l'hélice. Je m'en suis assuré en procédant exactement de la même manière que pour le barreau de fer droit (n°s 23 et 24). L'anneau étant dépouillé de l'hélice sans fin qui l'enveloppe quand la machine est complète, j'ai enroulé sur une portion de cet anneau un fil de cuivre couvert de soie, de manière à former un petit toron assez lâche pour pouvoir glisser librement sur l'anneau, et j'ai déterminé les valeurs relatives des courants induits obtenus : 1° en déplaçant le toron seul; 2° en déplaçant simultanément le toron et l'anneau ; 3° en maintenant le toron dans une position invariable et en faisant tourner l'anneau seul. La direction et l'amplitude du mouvement restant toujours les mêmes, j'ai trouvé que le courant développé était un peu plus faible dans le deuxième cas que dans le premier, et que dans le troisième cas l'on n'obtenait qu'un courant très-faible, dirigé en sens inverse de ceux qui étaient obtenus dans les deux premiers cas. On voit donc que les changements qui se produisent dans l'état magnétique de l'anneau non-seulement ne contribuent pas à la production du courant fourni par la machine, mais qu'ils lui font obstacle dans une certaine mesure, du moins au moment où commence le mouvement de l'anneau.

(**30**) Le faible courant que j'ai obtenu en faisant mouvoir l'anneau seul, est dû à la force coercitive du fer. Si l'on suppose que le pôle double appartenant à la partie supérieure de l'anneau se trouve situé, dans l'état de repos, sur la ligne verticale qui passe par le centre de l'anneau, et que le mouvement s'effectue de gauche à droite dans la partie supérieure de l'anneau, le pôle double se trouvera légèrement déplacé vers la droite, en raison de la force coercitive du fer; si donc le toron induit est placé à gauche de la verticale, le pôle s'éloignera un peu de ce toron, et par conséquent le courant induit devra marcher en sens inverse de celui qui est obtenu lorsque, l'anneau restant immobile, on fait mouvoir le toron seul de gauche à droite, puisque ce dernier mouvement a pour résultat de le rapprocher du pôle.

(**31**) Comme je l'ai dit plus haut, il est difficile de tracer la courbe de désaimantation de l'anneau de la machine Gramme; il faut pour cela soustraire l'anneau à l'influence de l'aimant, et les dispositions de l'appareil ne permettent pas d'exécuter commodément cette manœuvre, mais il est facile de tracer la courbe des intensités. Pour obtenir une série de points appartenant à cette courbe, j'ai fait parcourir au toron induit toute la demi-circonférence supérieure de l'anneau, en procédant par arcs de dix degrés et en notant pour chaque déplacement la déviation correspondante du galvanomètre; on trouvera dans le tableau suivant l'indication des résultats obtenus de cette façon. Le zéro de la division a été pris sur la ligne horizontale passant par le centre de l'anneau en dehors des pôles de l'aimant en fer à cheval; le diamètre extérieur de l'anneau sur lequel j'ai opéré était de 113 millimètres.

Déplacement du toron.	Déviation du galvanomètre.
de 0° à 10°	0,8
de 10° à 20°	1,2
de 20° à 30°	2,6
de 30° à 40°	4,5
de 40° à 50°	8,6
de 50° à 60°	12,7
de 60° à 70°	18,8
de 70° à 80°	17,7
de 80° à 90°	15,2
de 90° à 100°	16,2
de 100° à 110°	15,4
de 110° à 120°	14,0
de 120° à 130°	13,2
de 130° à 140°	9,1
de 140° à 150°	6,0
de 150° à 160°	4,0
de 160° à 170°	2,3
de 170° à 180°	1,2

On voit que l'intensité du courant induit, qui correspond à un déplacement déterminé du toron, augmente régulièrement jusqu'à 80 degrés environ, et qu'ensuite elle diminue jusqu'à 180 degrés.

La variation de cette intensité présente une certaine anomalie entre 80 et 100 degrés : l'intensité, après avoir subi, vers 90 degrés, un léger décroissement, éprouve, vers 100 degrés, une certaine recrudescence. Bien que les dispositions de mon appareil fussent assez grossières, je ne crois pas que cette anomalie doive être considérée comme une erreur d'observation ; je crois qu'elle existe réellement et qu'elle dépend de l'échancrure ménagée dans la branche de l'aimant en fer à cheval.

(**32**) La machine magnéto-électrique que nous venons d'étudier est destinée principalement à transformer une force mécanique en courant électrique ; mais elle peut servir aussi à effectuer la transformation inverse. Si l'on met les deux frotteurs en communication avec une pile puissante, on voit l'anneau abandonné à lui-même prendre un mouvement de rotation. Ce fait est facile à expliquer ; considérons ce qui se passe dans une des moitiés de l'anneau A O B (fig. 8) : il se forme, comme nous l'avons vu,

Fig. 8.

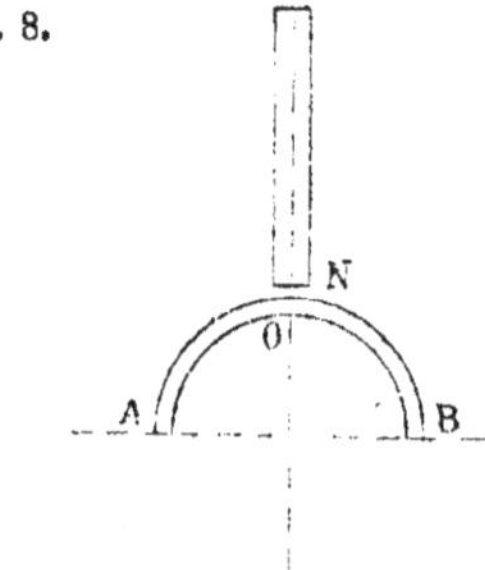

un pôle double en O vis-à-vis le pôle de l'aimant N, et les portions de l'anneau A O, B O peuvent *être* assimilées à deux solénoïdes, parcourus par des courants de sens contraire ; les actions attractives que le pôle de l'aimant exerce sur ces solénoïdes étant égales et de signes contraires, se détruisent, et l'anneau reste en repos; maintenant, supposons qu'un courant soit introduit dans l'hélice qui entoure le demi-anneau A O B, et admettons que ce courant soit de même sens que le courant solénoïdal de la partie A O; il est clair que ce courant solénoïdal se trouvera renforcé; au contraire, le courant solénoïdal de la partie B O sera affaibli et pourra même changer de signe si le courant inducteur de l'hélice est assez énergique. Il résulte de là que l'action attractive exercée par l'aimant sur la partie A O se trouvera augmentée, et qu'au contraire l'action attractive exercée sur la partie B O sera diminuée, ou même changée en action répulsive. Dans tous les cas, ces actions cesseront de se faire équilibre, et leur résultante fera marcher l'anneau de A vers O.

(33) Il me reste maintenant à rendre compte du courant induit développé dans l'expérience du n° 21. L'explication de cette expérience est en réalité plus compliquée que la théorie de la machine Gramme elle-même. Revenons à la courbe de désaimantation (fig. 4) et supposons qu'un anneau conducteur soit placé d'abord en E' sur le prolongement de l'axe du barreau, à une distance suffisante de l'extrémité A, pour que l'action du barreau soit insensible : si cet anneau est transporté de E' en A, qu'on le fasse glisser tout le long du barreau jusqu'à l'extrémité B, et qu'ensuite on le transporte en un point E, situé sur le prolongement de l'axe, à une distance assez grande de B pour que l'action du barreau redevienne insensible, des courants induits seront développés dans l'anneau, et la courbe de désaimantation permettra d'en déterminer la valeur. 1° Le courant développé par le mouvement de l'anneau entre les points E′ et P′ sera représenté par l'ordonnée —M′P′; 2° quand l'anneau sera transporté de P′ en P, le courant induit sera représenté par la différence + MP — (— M′P′) ou + MP + M′P′; 3° Enfin, lorsque l'anneau sera poussé de P en E, le courant induit sera représenté par 0 — MP. Or, on voit que la somme de ces trois courants est égale à zéro. J'ai constaté l'exactitude de cette conclusion par une expérience directe, en notant les déviations impulsives du galvanomètre correspondant aux trois déplacements que je viens d'indiquer de E′ en P′, de P′ en P, de P en E. J'ai trouvé que la seconde de ces déviations était égale à la somme des deux autres et de signe contraire.

Maintenant, quand on opère sur un barreau d'une grande longueur, les actions inductrices qui proviennent du mouvement de l'anneau en dehors des extrémités du barreau sont très-petites; on peut donc dire que dans ce cas, la somme des actions inductrices est sensiblement nulle quand l'anneau est transporté de l'une des extrémités A à l'autre extrémité B, même sans dépasser ces extrémités.

(**34**) Il résulte de là que, si au lieu d'un anneau, on emploie une hélice qui recouvre toute la longueur du barreau, et qu'on lui fasse subir un déplacement peu étendu, la somme des actions inductrices sera sensiblement nulle; car il est clair que si l'on déplace cette hélice d'une quantité égale à l'épaisseur d'un tour de spire, par exemple, on aura sensiblement le même résultat que si l'on opérait sur un seul tour de spire, et que ce tour de spire fût transporté d'une extrémité du barreau à l'autre.

Maintenant, lorsqu'on déplace à la fois le barreau de fer et l'hélice en présence de l'aimant, comme dans l'expérience de M. Gramme, il est évident que l'on doit développer la même action inductrice que si l'on déplaçait successivement le barreau et l'hélice. Par exemple, quand on fait avancer simultanément le barreau et l'hélice d'un décimètre, il est clair que l'on doit obtenir le même résultat que si l'on faisait avancer alternativement, d'un millimètre à la fois, le barreau et l'hélice, jusqu'à ce que tous deux eussent parcouru en tout la longueur d'un décimètre. Or, d'après ce qui précède, la somme des actions inductrices qui résultent des mouvements de l'hélice est sensiblement nulle; le courant induit que l'on obtient est donc exclusivement ou presque exclusivement dû à la deuxième des causes mentionnées dans le nº 23, c'est-à-dire aux changements qui s'opèrent dans l'état magnétique du barreau. L'on voit que les courants induits développés dans l'expérience de M. Gramme, nº 21, ont, comme je l'ai dit en commençant, une tout autre origine que ceux qui sont produits par la machine magnéto-électrique.

(25) Pour se rendre compte des modifications qui

se produisent dans l'état magnétique d'un barreau que l'on fait mouvoir dans les conditions indiquées n° 24, il suffit de tracer les *courbes de désaimantation* correspondant aux deux positions que le barreau de fer occupe à l'origine et à la fin de son mouvement; or, on reconnaît que ces deux courbes (fig. 9) sont

Fig. 9.

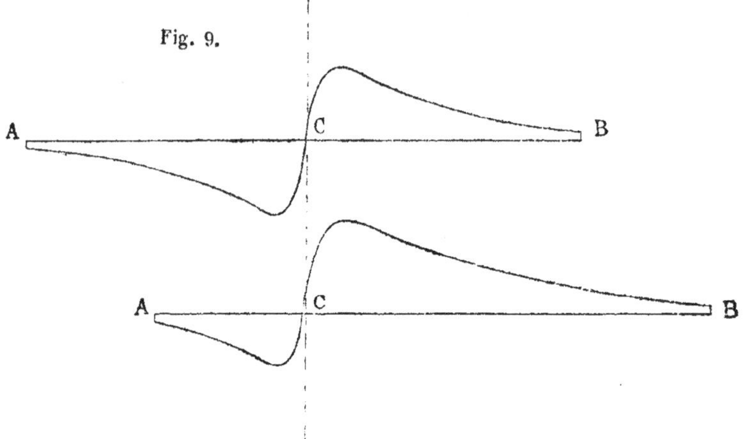

exactement de même forme et diffèrent uniquement l'une de l'autre par la position qu'elles occupent. Pour obtenir la seconde, il suffit, si le barreau est poussé de A vers B, de déplacer la première tout d'une pièce, de telle manière que tous les points de la branche C A se rapprochent de l'axe des x d'une même quantité et que tous les points de la branche C B s'en éloignent de la même quantité. On tire aisément de ce fait les conclusions suivantes : 1° quand le barreau est poussé de A vers B, l'aimantation augmente dans la partie B C du barreau, qui s'allonge et diminue dans la partie A C qui se raccourcit;

2° pour un déplacement donné du barreau de fer, la direction et l'intensité du courant induit restent les mêmes, quelle que soit la distance qui sépare l'hélice induite de l'aimant permanent; il est indifférent que cette hélice soit placée à droite ou à gauche du pôle double, sur la partie du barreau que comprennent les deux régions neutres, ou en dehors de cette partie; 3° si l'on compte toujours les abscisses à partir du point C, où l'axe des abscisses est coupé par l'axe de l'aimant, les valeurs de $\frac{dy}{dx}$, qui correspondent à une valeur donnée de x, sont les mêmes pour les deux courbes, bien que les valeurs de y soient différentes, et comme l'intensité magnétique dépend uniquement de la fonction $\frac{dy}{dx}$, on conçoit que cette intensité doit demeurer constante bien que le magnétisme absolu varie.

Pour vérifier la dernière de ces conclusions, j'ai déterminé par des expériences directes la courbe des intensités d'un barreau de fer doux de 1^m longueur, 1° en plaçant l'aimant vis-à-vis le milieu du barreau; 2° en le plaçant de manière à partager le barreau en deux parties inégales, l'une de 20, l'autre de 80 centimètres. J'ai obtenu ainsi les courbes des figures

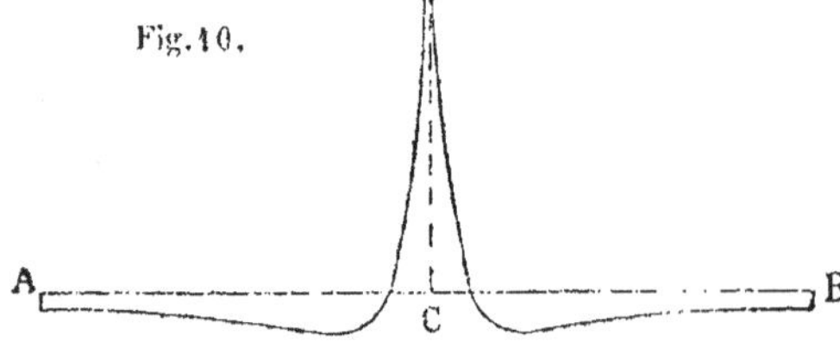

Fig. 10.

10 et 11; on voit fig. 11 que la ligne qui représente

les intensités de la partie de 20 centimètres est sensiblement identique avec celle qui représente les

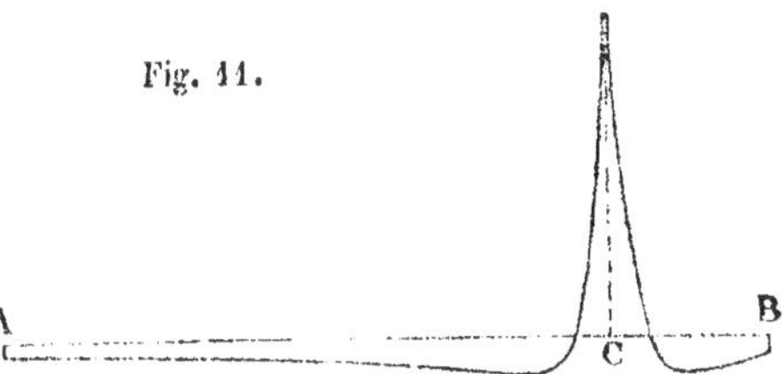

Fig. 11.

intensités correspondant aux 20 premiers centimètres de la longue branche.

(**86**) Le courant induit obtenu par M. Gramme dans l'expérience n° 21 provient, en définitive, de ce que le barreau de fer se trouve divisé par l'aimant en deux parties dont les longueurs ont entre elles des rapports différents, suivant la position que l'aimant occupe. Si le barreau avait une longueur infinie, le mouvement de l'aimant ne développerait pas de courant induit.

Les faits qui sont l'objet du présent paragraphe ont par eux-mêmes un assez grand intérêt; mais je me suis proposé surtout, en les analysant, de faire voir quel usage on peut faire de la méthode des *courants de désaimantation.*

Caen, typ. de F. Le Blanc-Hardel.

www.ingramcontent.com/pod-product-compliance
Lightning Source LLC
LaVergne TN
LVHW050500160826
845677LV00003B/850

* 9 7 8 2 3 2 9 6 6 9 0 2 1 *